恐龙来了

侏罗纪

称霸地球

娱乐工作室 编著

哈尔滨出版社
HARBIN PUBLISHING HOUSE

图书在版编目（CIP）数据

侏罗纪·称霸地球 / 桃乐工作室编著. — 哈尔滨：
哈尔滨出版社, 2019.4
　（恐龙来了）
　ISBN 978-7-5484-4577-7

　Ⅰ. ①侏… Ⅱ. ①桃… Ⅲ. ①恐龙 – 少儿读物 Ⅳ.
①Q915.864-49

中国版本图书馆CIP数据核字（2019）第029932号

书　　名：**侏罗纪·称霸地球**
ZHULUOJI. CHENGBA DIQIU

作　　者：桃乐工作室　编著
责任编辑：于海燕　张艳鑫
责任审校：李　战
封面设计：宸唐工作室

出版发行：哈尔滨出版社（Harbin Publishing House）
社　　址：哈尔滨市松北区世坤路738号9号楼　　邮编：150028
经　　销：全国新华书店
印　　刷：武汉兆旭印务有限公司
网　　址：www.hrbcbs.com　　　www.mifengniao.com
E-mail：hrbcbs@yeah.net
编辑版权热线：（0451）87900271　87900272
销售热线：（0451）87900202　87900203
邮购热线：4006900345　（0451）87900256

开　　本：787mm×1092mm　　1/16　　印张：7.5　　字数：50千字
版　　次：2019年4月第1版
印　　次：2019年4月第1次印刷
书　　号：ISBN 978-7-5484-4577-7
定　　价：98.00元

凡购本社图书发现印装错误，请与本社印制部联系调换。
服务热线：（0451）87900278

前 言

恐龙是生活在中生代的一种古老的爬行动物，它们在三叠纪晚期横空出世，经历了侏罗纪的繁荣，到白垩纪进入极盛阶段并在晚期突然灭绝。恐龙凭借庞大的身躯和凶猛的脾性如"君临天下"一般，称霸地球达1.6亿年之久，中生代因它们而具有了传奇色彩，并被冠以"恐龙时代"的美誉。而对恐龙的研究从恐龙化石首次被发掘以来就从未停歇，人们对这个神秘物种充满了好奇，随着研究的不断深入，恐龙的神秘面纱也一点点被揭开。

为了给少年儿童提供更加丰富的恐龙知识，解答恐龙的各种谜团，我们精心编撰了这套全面介绍恐龙知识的科普读物。这套书以时间为线索，以地域为区划，清晰、系统地为少年儿童展示了恐龙时代的完整风貌。孩子们在这套书里不仅可以认识恐龙，了解恐龙，学到和恐龙有关的知识，还能通过数百幅中生代的复原图，循着恐龙的脚步，身临其境般地了解那个时代的地球环境、生物类型、地质风貌……

现在，让我们一起穿越到那惊险刺激的神秘世界，开始一段精彩的发现之旅、科学之旅、震撼之旅吧！

目 录 · Contents

导　读..........................6

第一章　侏罗纪——恐龙繁盛时期

侏罗纪时期的生态环境.................10

凶猛的掠食者....................12

不甘示弱的素食者...................14

侏罗纪时期恐龙的地理分布.................16

第二章　美洲大陆和南极洲大陆上的恐龙

近蜥龙......................20

双嵴龙......................22

冰脊龙.......................24

腕　龙.......................26

异特龙.......................28

迷惑龙.......................30

梁　龙.......................32

圆顶龙.......................34

弯　龙.......................36

短颈潘龙......................38

剑　龙.......................40

角鼻龙.......................42

蛮　龙.......................44

橡树龙.......................46

艾德玛龙......................48

双腔龙.......................50

第三章　非洲大陆上的恐龙

畸齿龙 54

巨椎龙 56

莱索托龙 58

棘刺龙 60

约巴龙 62

叉　龙 64

长颈巨龙 66

肯氏龙 68

第四章　欧洲大陆上的恐龙

棱背龙 72

斑　龙 74

古林达奔龙 76

哈卡斯龙 78

美颌龙 80

米拉加亚龙 82

欧罗巴龙 84

始祖鸟 86

似松鼠龙 88

第五章　亚洲大陆上的恐龙

中国羽龙 92

禄丰龙 94

树息龙 96

中华盗龙 98

单脊龙 100

耀　龙 102

峨眉龙 104

华阳龙 106

永川龙 108

巨刺龙 110

近鸟龙 112

马门溪龙 114

附　录

恐龙大家族 116

恐龙纪年表 118

AR 120

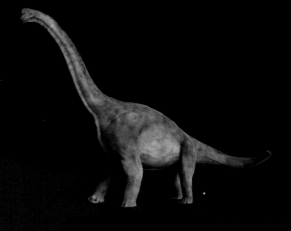

导 读

百科知识页面

介绍生态环境、恐龙的演化、恐龙的地理分布等与恐龙相关的百科知识。

标题

说明本页的主题内容。

相关知识

与本页相关的知识内容，并配以图片，让读者了解主题内容以外的知识。

序言

概述本页介绍的内容，引导读者阅读。

主图

通过图片的形式介绍本页的知识点，画面更直观。

本页知识点

介绍本页主题的知识性文字，让读者深入学习相关知识。

主图说明

对主图进行详细的文字说明，便于读者理解。

本页要介绍的
恐龙的名字。

从多个角度介绍与恐龙相
关的知识。

主图

通过复原图再
现恐龙的原貌，
更直观地认识
恐龙。

海岛上的顶级捕猎能手

　　侏罗纪晚期的欧洲是一片海岛。处于特提斯海的边缘
地带，美颌龙的化石就发现于此。美颌龙体形较小，与一
只火鸡的大小相当。属于兽脚亚目恐龙。美颌龙的下颌修
长，和初龙类动物一样没有卡腭孔，这是它闻名的原因。
　　美颌龙体态轻盈，身手敏捷，在欧洲这片海岛上所向
披靡，成为了名副其实的顶级捕猎能手。

美颌龙

学　　名: Compsognathus
生存年代: 距今 1.5 亿年前的侏罗纪
　　　　　晚期
体　　形: 身长约 1 米，体重在 0.83
　　　　　千克至 3.5 千克之间
食　　性: 肉食性
化石发现地: 欧洲、德国、法国

前肢

美颌龙的前肢短小，前
掌有三指，生有利爪，在捕
猎时能牢牢地抓紧猎物。

体型

美颌龙体形较小，长颈
细尾，靠于直辖可二足行走，
前肢和尾巴都比较长。

主图说明

对恐龙的主要特点加以说
明，深入了解恐龙的特征。

恐龙档案

恐龙的详细资料档案，加深
读者对恐龙的认识。

第一章

侏罗纪——恐龙繁盛时期

侏罗纪时期的生态环境

侏罗纪是中生代的第二个纪，介于三叠纪和白垩纪之间。因为侏罗纪以三叠纪末期的灭绝事件为开端，所以早期的动植物非常稀少。但是地球板块运动在这一时期渐趋活跃，地球上出现了更多的独立大陆块，海岸带也逐渐增多，所以侏罗纪时期的气候大多数时间是温暖潮湿的。这样的气候使得陆地上的森林植被非常茂盛，也使当时处于弱势的恐龙不但没有灭绝，反而经过演化称霸陆地。

动物群

恐龙在侏罗纪时期成为陆地的主宰者，除了恐龙，陆地上还幸存下来一些早期的哺乳动物，但它们只能在夹缝中求生存。翼龙在侏罗纪时期已经十分常见，一直占据着空中霸主的地位，直到侏罗纪晚期，空中迎来了新的物种——鸟类，但也只能屈服于翼龙的"统治"之下。侏罗纪的海洋里，鱼类继续繁衍，海生爬行动物不断壮大成为优势物种，鱼龙类、蛇颈龙类、海生鳄鱼等已经相当常见。

温湿的气候和繁茂的植物

　　侏罗纪时期，随着盘古大陆的不断分裂，新的海洋出现，干旱、闷热的大陆性气候逐渐消失，温暖、潮湿的气候成为主导，这为陆地上大型森林和原野的出现提供了条件。侏罗纪时期的优势植物是裸子植物，其中的苏铁类、松柏类和银杏类等都相当茂盛。茂密的松、柏、银杏、乔木羊齿类和蕨类植物中的真蕨类、木贼类共同形成了繁茂的森林。而生长着苏铁类和羊齿类植物的干燥地带则形成了广阔常绿的原野。侏罗纪之前植物的分区比较明显，随着地球板块的迁移和演变，侏罗纪时期植物群的面貌渐趋相似，这表明各大陆块的气候大体上是相近的。

变化中的地球

　　三叠纪晚期，盘古大陆已经出现了分裂的迹象，到侏罗纪早中期，盘古大陆逐渐分裂为两块：北方的劳亚大陆和南方的冈瓦纳大陆。侏罗纪晚期时，地球板块运动开始活跃，冈瓦纳大陆上的非洲从南美洲中分裂出来，劳亚大陆也渐渐地同非洲和南美洲分离，大西洋和墨西哥湾逐渐形成，但欧亚大陆不断向南移动，使得特提斯海缩小。与此同时，由于海平面不断地上升，欧洲和北美洲大陆之间形成了海道。相比于三叠纪，侏罗纪时期地球上的独立大陆块更多了。

凶猛的掠食者

进入侏罗纪后，恐龙向大型化方向发展，兽脚亚目肉食性恐龙变得更大、更强，从此拉开了它们凶猛残暴"统治"的序幕。但并不是所有的肉食性恐龙都朝着巨型的方向进化，有一些就选择了"迷你"的进化方向，它们的身体轻巧得令人难以置信。

兽脚亚目恐龙的"大"发展

兽脚亚目恐龙在侏罗纪时期迎来了"大"发展，大多数兽脚亚目恐龙的体形都有了巨大的飞跃，中华盗龙、单脊龙、异特龙、角鼻龙就是当时比较著名的掠食者。

单脊龙

单脊龙属兽脚亚目斑龙超科，生活在侏罗纪中期的中国，身长5米，高约1.7米，体重约450千克。

角鼻龙

角鼻龙属兽脚亚目角鼻龙科，生活在侏罗纪晚期的北美洲、欧洲和非洲等地，身长6米至8米，高2.5米，体重500千克至1000千克。

中华盗龙

中华盗龙属兽脚亚目中华盗龙科，生活在侏罗纪晚期的中国，身长7米至9米，高约4米，体重1吨至3吨。

长羽毛的"小精灵"

不是所有的肉食性恐龙都是体形巨大、面目凶狠的，侏罗纪时期就出现了一些长羽毛的恐龙，它们不但外形美丽，而且身体小巧，外形更像鸟。目前发现生存年代最早的长羽毛的恐龙是侏罗纪早期的近鸟龙。

近鸟龙

近鸟龙全身覆盖着一层羽毛，四肢和尾巴上长有飞羽，身长0.34米，体重只有0.11千克，是侏罗纪晚期体形最小的恐龙之一。

树息龙

树息龙全身长有结构简单的绒毛状的羽毛，身长约0.15米，体重约0.1千克，是体形最小的恐龙之一。

耀龙

耀龙身上长有丝状绒羽，尾巴上长有4根长长的带状尾羽，身长约0.445米，体重约0.164千克，是当时体形较大的长羽毛的恐龙。

不甘示弱的素食者

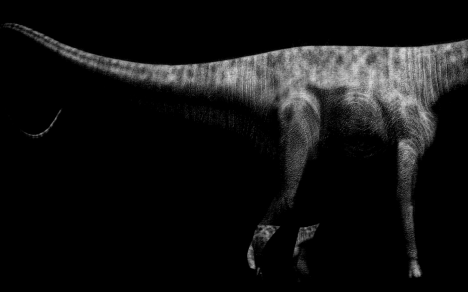

梁龙

梁龙来自北美洲西部平原，生活在侏罗纪晚期，身长25米至35米，高4米至5米，体重不超过30吨，和其他蜥脚类恐龙相比，梁龙拥有超长的尾巴，这条尾巴是其强大的武器，梁龙抽动尾巴时的速度甚至会超过音速。

肉食性恐龙得到了空前发展，但同时期的植食性恐龙也不甘示弱，它们也出现了巨变。蜥脚类恐龙快速进化，体形不断膨胀变大，达到了惊人的地步。还有一些植食性恐龙不依靠庞大的身材取胜，它们选择进化出"装甲武器"来保护自己。总之，侏罗纪的这些素食者展现了令人惊奇的进化能力。

"膨胀"的蜥脚类恐龙

侏罗纪时期，蜥脚类恐龙的体形庞大到令人目瞪口呆的地步。这些庞然大物身躯肥硕，四肢粗壮，脖子和尾巴都很长，例如侏罗纪晚期出现的易碎双腔龙，它们的身长可以达到60米，是目前所知身长最长的动物。

身披铠甲的植食者

不同于蜥脚类恐龙通过"膨胀"的方式来保护自己，装甲亚目恐龙则选择了身披骨板和尖刺的进化方向让自己坚不可摧。到了侏罗纪晚期，拥有完美防御的剑龙已经相当常见。

棱背龙

轻度装甲的棱背龙全身都覆盖着圆角状的骨质突起，这些厚厚的骨甲能使棱背龙免受掠食者的攻击。

腕龙

腕龙生活在侏罗纪晚期的北美洲，身长约25米，高约6米，体重约30吨，不同于蜥脚类的其他恐龙，腕龙的身体结构和长颈鹿非常像，它前肢长、后肢短，头部可以抬到距地面15米的位置。腕龙也是曾经生活在陆地上最大的动物之一。

剑龙

著名的剑龙是侏罗纪晚期最大的装甲恐龙，剑龙背部长有一排巨大的骨板，尾巴长有4根尖刺，以此来抵御掠食者的攻击。

易碎双腔龙

同样生活在侏罗纪晚期北美洲的易碎双腔龙，是双腔龙的一种。由于目前发现的化石比较少，古生物学家推测其身长在40米至60米之间，高约10米，体重约120吨。易碎双腔龙凭借其巨大的身长成为了真正的"无冕之王"。

巨刺龙

巨刺龙生活在侏罗纪晚期中国的四川，巨刺龙背部长有呈三角形的小骨板，尾巴长有尖刺，前肢两侧巨大的肩刺是其最显著的特点。

　　侏罗纪早期，盘古大陆分裂的迹象更加明显。到侏罗纪晚期时，盘古大陆已经四分五裂，地球上出现了更多独立的大陆块。大陆的分裂与新海洋的出现使得这一时期的气候温暖潮湿，这也为茂盛的植物提供了生长条件。有了充足食物的恐龙得到了空前的发展，出现了长羽毛的恐龙和身披铠甲的恐龙，恐龙成为真正意义上的陆地霸主。

美洲大陆和南极洲大陆上的恐龙

　　直到侏罗纪晚期，南美洲才和北美洲、南极洲彻底分离，成为独立的大陆块。而北美洲和欧洲之间的裂缝逐渐扩大，使得北美大陆水网密布、森林茂密，完美的生存环境孕育了一群体形庞大的植食性恐龙和凶猛异常的肉食性恐龙。常见的植食性恐龙包括迷惑龙、腕龙、梁龙、剑龙、橡树龙等；常见的肉食性恐龙有角鼻龙、异特龙、蛮龙等。与生机勃勃的北美洲相比，气候干旱的南美洲大陆上的恐龙要少得多，短颈潘龙是生活在这里的植食性恐龙。尽管当时的南极洲森林茂密，但那里的恐龙并不多，几乎只能见到冰脊龙。

米拉加亚

腕龙　北美洲

角鼻龙

双腔龙　橡树龙

非洲

太平洋　南美洲　巨椎龙

莱索托龙

南非

短颈潘龙

冰脊龙

南极

欧洲大陆上的恐龙

侏罗纪早中期，欧洲大陆已经和北美洲大陆分离开，但仍与亚洲大陆相连，直到侏罗纪晚期，欧洲和亚洲才渐渐分离。欧洲西部地区逐渐被海水侵蚀，形成了濒海泛滥平原，这里的气候温暖湿润，为恐龙族群的壮大提供了丰富的食物来源。这一时期生活在欧洲的植食性恐龙有米拉加亚龙、欧罗巴龙，肉食性恐龙包括著名的斑龙、美颌龙和大名鼎鼎的始祖鸟。

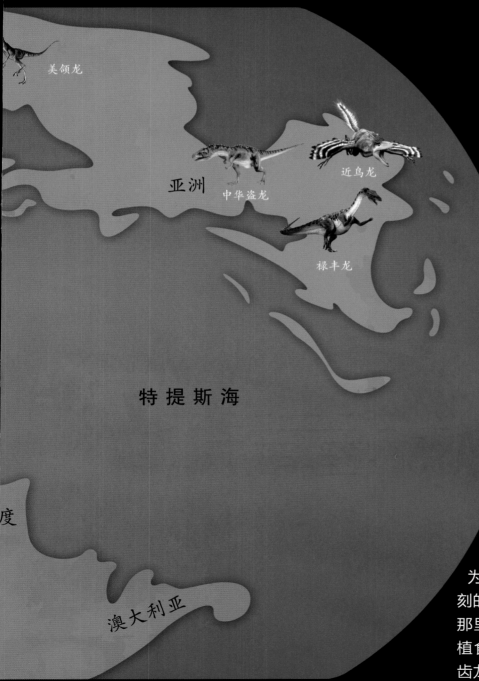

美颌龙

亚洲

中华盗龙

近鸟龙

禄丰龙

特 提 斯 海

度

澳大利亚

亚洲大陆上的恐龙

侏罗纪早期，亚洲大陆的范围和今天相差甚远，到了侏罗纪晚期，亚洲大陆的大部分地区位于今天的中国。亚洲温润的气候营造了繁茂的森林和湖泊，为恐龙提供了适宜的生存条件，这一时期的中国成了恐龙的天堂，包括兽脚类的中华盗龙以及长羽毛的近鸟龙、蜥脚类的禄丰龙等。

非洲大陆上的恐龙

侏罗纪早期的非洲大陆和南美洲大陆相邻，直到侏罗纪晚期，非洲才和南美洲渐渐分离开，但没有完全分开。所以，侏罗纪时期的非洲大陆以沙漠环境为主，气候干旱，食物稀缺，这样苛刻的气候条件限制了恐龙的身体发育，那里的恐龙大都比较矮小，代表性的植食性恐龙有巨椎龙、莱索托龙、畸齿龙，肉食性恐龙有合踝龙。

第二章

美洲大陆和南极洲大陆上的恐龙

近蜥龙

头 部

近蜥龙的头部呈三角形，狭长且比较小，小脑袋上长有一个细长的鼻腔。

四 肢

近蜥龙用四足行走，前肢短而强健，拇指长有较长的带钩的指爪，在吃高处的食物时，近蜥龙能够依靠后肢站立。

近蜥龙也称安琪龙，是蜥脚亚目恐龙的一种，生活在侏罗纪早期。近蜥龙，顾名思义是接近蜥蜴的恐龙，这个名字的最终确定也是颇费周折。早在十九世纪初，人们就发现了近蜥龙的化石，不过当时一度被认为是远古人类的，直到更多的化石被发现，近蜥龙这个名字才最终被确定下来。

牙 齿

近蜥龙的牙齿比较少，间距也比较宽，呈勺子状，符合其植食的特点。

近蜥龙

学　　　名：Anchisaurus
生存年代：距今 2 亿年前至 1.88 亿年前的侏罗纪早期
体　　　形：身长约 2 米，体重在 200千克至 250 千克之间
食　　　性：植食性
化石发现地：北美洲、非洲、亚洲

双峰龙

牙齿

双峰龙的牙齿比较长，但齿根短小，不能像其他肉食性恐龙一样撕咬猎物。古生物学家根据双峰龙的牙齿推测，它们可能食腐肉。

双峰龙

学　　名：Dilophosaurus

生存年代：距今约 1.9 亿年前的侏罗纪早期

体　　形：身长约 6 米，高约 3 米，体重约 500 千克

食　　性：肉食性

化石发现地：北美洲，美国

文艺界的大明星

双嵴龙也称双冠龙、双棘龙等，属于兽脚亚目恐龙，生活在距今约 1.9 亿年前的侏罗纪早期。双嵴龙最突出的特点是头顶长有两个骨质头冠，双嵴龙在很多文学作品和电影作品中都出现过，它们可谓是"文艺界的大明星"，最知名的当数电影《侏罗纪公园》中能吐毒液的双嵴龙形象了。不过，文艺作品里的双嵴龙形象都是艺术创造的结果，并不能完全反映其真实面貌。

头 冠

双嵴龙的头部长有两个骨质头冠，古生物学家猜测这两个头冠可以通过变色的方式来吸引异性，也可以起到威慑敌人的作用。

四 肢

双嵴龙的前肢较后肢短小，生有四个指爪，可以起到抓取食物的作用。它们的后肢粗壮有力，步伐稳健，可以支撑起身体的重量。

南极洲第一恐龙

　　冰脊龙也被称为冰棘龙，属于大型兽脚亚目恐龙。它们是南极洲发现的第一种肉食性恐龙，也是第一个被正式命名的南极洲恐龙。冰脊龙的发现，一改人们对南极大陆不适宜生物生存的印象，这是因为侏罗纪早期盘古大陆还没有完全分裂，南极洲的气候并不像现在这样冰天雪地，这里也曾是孕育生命的摇篮。

冰脊龙

学　　名：Cryolophosaurus

生存年代：距今 1.88 亿年前的侏罗纪
　　　　　早期

体　　形：身长约 6.5 米，高约 2.5 米，
　　　　　体重约 500 千克

食　　性：肉食性

化石发现地：南极洲

头 冠

冰脊龙的头冠位于眼睛的上方，与颅骨垂直，横向排列，有皱褶，外观像一把梳子，求偶时可吸引异性注意。

牙 齿

冰脊龙有两排尖利的牙齿，可以撕碎猎物，符合其食肉的特点。

四 肢

冰脊龙的前肢生有利爪，后肢较前肢长，依靠后肢二足行走。

腕 龙

恐龙王国中的大个子

腕龙生存于侏罗纪晚期的北美洲，是蜥脚亚目恐龙。腕龙的肩膀离地面约 6 米，头部高举后离地面可达 15 米，是恐龙王国中名副其实的大个子。无论对于古生物学界，还是对于一般大众来说，腕龙都是最著名的恐龙之一，它们不仅出现在电影《侏罗纪公园》中，而且在电视节目中的出镜率也比较高，甚至一颗小行星"9954 Brachiosaurus"也是以腕龙命名的。

腰部有神经节

腕龙大脑很小，不足以协调身体的运动，所以腕龙的中枢神经系统在腰部形成了一个神经节，充当第二大脑，替大脑分管四肢和内脏。

颌 部

腕龙的颌部比较发达，长有较大且呈勺子状的牙齿，具有植食性恐龙的典型特征。

脖 子

腕龙的脖子非常长，但活动并不灵活，不能高举与地面垂直。

腕 龙

学　　名：Brachiosaurus
生存年代：距今约 1.54 亿年前至 1.53 亿年前的侏罗纪晚期
体　　形：身长约 25 米，高约 6 米，体重约 30 吨
食　　性：植食性
化石发现地：北美洲，美国

异特龙

大 脑

　　异特龙的头部比较大，脑容量也比一般的恐龙大，古生物学家猜测异特龙可能是侏罗纪时期智商最高的大型肉食性恐龙。

牙 齿

　　异特龙有70颗边缘带锯齿的牙齿，这些牙齿向后弯曲，而且很锋利，能轻松地撕碎猎物。异特龙的牙齿可再生。

異特龙

学　　名：Allosaurus
生存年代：距今约 1.55 亿年前至 1.5
　　　　　亿年前的侏罗纪晚期
体　　形：身长约 8.5 米，高 2.5 米
　　　　　至 3 米，体重在 1.4 吨至
　　　　　2 吨之间
食　　性：肉食性
化石发现地：北美洲，美国

大型兽脚类恐龙的典范

　　异特龙是兽脚亚目恐龙中的代表，生存于侏罗纪晚期，是该时期北美洲最常见的掠食性恐龙，位于食物链的顶端。因为异特龙是最早被发现的兽脚亚目恐龙之一，而且它们的化石还是美国犹他州的州化石，很多电影和电视节目中都有异特龙的身影，所以有"大型兽脚类恐龙的典范"之称。

迷惑龙

牙齿

迷惑龙的牙齿呈勺子状，符合其植食的特点。

迷惑龙

学　　名：Apatosaurus

生存年代：距今约 1.5 亿年前的侏罗纪晚期

体　　形：身长约 21 米至 26 米，高约 4.5 米，体重在 24 吨至32 吨之间

食　　性：植食性

化石发现地：北美洲，美国

迷惑龙还是雷龙?

迷惑龙属于蜥脚下目中的梁龙科，同属一科的还有梁龙。迷惑龙生存于距今 1.5 亿年前的侏罗纪晚期，学名的含义是"骗人的蜥蜴"。迷惑龙一直和雷龙混淆在一起，早期有古生物学家指出雷龙和迷惑龙非常相似，应该为同种动物，于是雷龙被并入迷惑龙属，但争议一直存在。直到近代，古生物学家对化石进行深度研究后发现，迷惑龙与雷龙的颈部和头部的骨骼差异非常大，这才使雷龙从迷惑龙属中独立出来，重新变成了有效属。

迷惑龙的呼吸特征

迷惑龙的体形巨大，而且颈部非常长，古生物学家研究发现它们的呼吸可能会出现一定的问题。这是因为体重 30 吨的迷惑龙，不包含肺部的容积，口腔、气管和其他空气管道的容积和约为 184 升，也就是说，迷惑龙呼出的气体要高于 184 升，它们的呼吸系统才不会有问题。通过对不同类型动物的肺容积进行测算，古生物学家发现迷惑龙的呼吸系统更接近鸟类的呼吸系统——有着多个气囊及容许空气流动的肺部，这是恐龙研究学界的一个重大发现，具有重要的意义。

尾巴

迷惑龙的尾巴非常长，根部比较粗，越往尾端越细。古生物学家在用计算机模拟时发现，迷惑龙的尾巴在挥动时可以发出炮弹发射时一样的的声响。

四肢

迷惑龙是四足动物，前肢略短于后肢，前肢有一个大指爪，后肢的前三个脚趾有趾爪。

梁龙

头部

梁龙的鼻孔长在头顶，有古生物学家推测它们拥有一个长鼻，但因为梁龙的头部较小，面部神经不发达，这一观点很难成立。

颈部

梁龙的颈部非常长，但却不能弯曲成 S 形，也就是说，无论它们向哪个方向移动，颈部都基本保持直线的状态。

牙齿

梁龙虽然属于蜥脚下目恐龙，但它们的牙齿齿冠修长，横切面呈椭圆形，齿尖因为磨损而形成三角平面。

最长的恐龙之一

　　梁龙属于大型植食性恐龙。梁龙生活在距今 1.5 亿年前的侏罗纪晚期，当时的北美洲西部是它们的乐园。梁龙的辨识度比较高，因为它们体形巨大，拥有长长的脖子和尾巴，而且身长可达 35 米，是最长的恐龙之一。

尾巴

　　梁龙的尾巴非常长，根部肌腱结实，后部细长呈鞭状，尾巴可能用来维持身体平衡，也可能充当御敌的武器。

梁　龙

学　　名：Diplodocus
生存年代：距今约 1.5 亿年前的侏罗纪晚期
体　　形：身长 25 米至 35 米，高 4 米至 5 米，体重不超过 30 吨
食　　性：植食性
化石发现地：北美洲

圆顶龙

北美洲最常见的大型蜥脚类恐龙

　　圆顶龙属于蜥脚下目恐龙，生存于距今 1.5 亿年前的侏罗纪晚期，化石在北美洲的美国、墨西哥大量出土，是北美洲最常见而且是群居的四足恐龙。圆顶龙学名意为"有空室的蜥蜴"，是指它们的脊椎中有空室，古生物学家猜测这些空室有助于减轻身体的重量。随着研究的不断深入，古生物学家发现这些空室是圆顶龙呼吸系统的一部分，这些空室的存在，有助于它们呼吸更多新鲜的空气。

脊 椎

　　圆顶龙的脊椎中没有向上的长神经棘，这表明它们不能以后肢站立。

圆顶龙

学　　名：Camarasaurus

生存年代：距今约 1.5 亿年前的侏罗纪晚期

体　　形：身长约 20 米，高约 5 米，体重在 20 吨至 30 吨之间

食　　性：植食性

化石发现地：北美洲，美国、墨西哥

头 部

圆顶龙的头颅骨短而高，并且呈拱形，这也是它们名字的由来。它们的眼睛和鼻孔都位于头部的两侧，而且都比较大。

牙 齿

圆顶龙的牙齿呈勺形，长约19厘米，整齐地排列在颌部，表面磨损严重，可以推测它们以粗糙的植物为食。

四 肢

圆顶龙的前肢比后肢短，但并不明显，每只脚上都生有五趾，最内侧的脚趾生有利爪，可用来防御。

弯龙

可弯曲的蜥蜴

　　弯龙是禽龙的近亲，生活在距今约 1.5 亿年前的侏罗纪晚期，是一种植食性、有喙状嘴的恐龙。弯龙学名意为"可弯曲的蜥蜴"，它们既能二足站立也能四足行走，当它们四足站立时，身体会弯成一个拱形，这也是它们得名的原因。

后肢

　　弯龙的后肢粗壮，肌肉发达，脚掌生有四趾，奔跑能力比较强。

嘴巴和牙齿

弯龙的嘴巴宽大，和鸟类的嘴巴类似，前部尖，但没有门牙，起咀嚼作用的牙齿位于口腔内部。弯龙有骨质的次生腭，因此进食时可以呼吸。

弯龙身体笨拙，多数时候都是四足行走的，只有需要吃高处的食物或遇到外敌时才会二足站立或奔跑。

前掌

弯龙的前掌生有五根指头，前三根有指爪，五指间没有肉垫相连。

弯龙

学　　名：Camptosaurus
生存年代：距今约 1.5 亿年前的侏罗纪
　　　　　晚期
体　　形：身长平均 6 米，高约 2 米，
　　　　　体重约 1 吨
食　　性：植食性
化石发现地：北美洲、欧洲

短颈潘龙

头部和牙齿

短颈潘龙的头部非常小，口中长有植食性恐龙常有的勺形的牙齿。

颈部最短的蜥脚类恐龙

短颈潘龙属于蜥脚下目的叉龙科，与大部分蜥脚下目恐龙的长颈不同，它们的颈部非常短，是蜥脚下目恐龙里颈部最短的。古生物学家猜测这种短颈的生理特点和它们摄食低矮处的植物或特定的食物来源有关。再加上短颈潘龙的颈椎形态严重限制了颈部向后弯曲，它们只能吃 1~2 米高的植物，长时间这样进食，使它们具有了这样的演化特征。

四 肢

短颈潘龙是依靠四足行走的恐龙，四肢粗壮有力，前肢比后肢短一些。

短颈潘龙

学　　名：Brachytrachelopan
生存年代：距今约 1.5 亿年前的侏罗
　　　　　纪晚期
体　　形：身长约 10 米
食　　性：植食性
化石发现地：南美洲，阿根廷

39

剑 龙

骨板和尾刺

　　剑龙的背部有17块分离开的骨板，可能起调节体温的作用。剑龙尾部有4根尖刺，可以起到御敌的作用。

知名的装甲恐龙

剑龙是装甲亚目恐龙中的一员，生活在侏罗纪晚期。起初人们认为剑龙只生活在北美洲，随着考古研究的深入，人们发现欧洲也有剑龙存在，甚至亚洲也有和剑龙有亲缘关系的恐龙。之所以说剑龙是知名的装甲恐龙，是因为它们经常出现在电影、电视、书籍和漫画中，并因其具有骨板和尾刺的形象而被人们所熟识。古生物学家认为，剑龙身上的骨板可能有具有调节体温的作用。

剑 龙

学　　名：Stegosaurus
生存年代：距今 1.55 亿年前的侏罗纪晚期
体　　形：身长约 7 米至 9 米，高约 2.7 米，体重 2.5 吨至 4 吨
食　　性：植食性
化石发现地：北美洲、欧洲

牙 齿

剑龙的牙齿较小，且呈三角形，上下颌的前部没有牙齿，已进化成尖喙，这决定了其植食的特点。

角鼻龙

尾巴

角鼻龙的尾巴很长，接近身体的一半，神经棘发达，活动非常灵敏。

角鼻龙

学　　名：Ceratosaurus

生存年代：距今 1.55 亿年前的侏罗纪晚期

体　　形：身长约 6 米至 8 米，高约 2.5 米，体重在 500 千克至 1000 千克之间

食　　性：肉食性

化石发现地：北美洲、欧洲、非洲

凶残的食肉恐龙——角鼻龙

角鼻龙，又名角冠龙，学名意为"长角的蜥蜴"，是生存于侏罗纪晚期的中型肉食性恐龙。角鼻龙除了拥有其他肉食性恐龙共有的头大、身体粗壮、二足行走、牙齿锋利等特征之外，它们还有一个独特的鼻部，长有一个短角，这也是角鼻龙得名的原因。角鼻龙生活在植被茂盛的丛林中，这里生长着丰茂的植物，它们在这里成群结队地捕食猎物。

鼻部

角鼻龙的鼻部长有一个短角，这个短角只起装饰作用，但雄性可能依靠角的大小来决定地位的高低。

四肢

角鼻龙的前肢短小生有利爪，便于抓住并撕碎猎物；后肢粗壮有力，奔跑能力极佳。

蛮龙

四肢

　　蛮龙的前肢非常短，不能着地，但却非常有力，有巨型的拇指尖爪。蛮龙依靠肌腱发达、骨骼健壮的后肢二足行走。

侏罗纪最大型的兽脚亚目恐龙之一

　　蛮龙，学名意为"野蛮的蜥蜴"，是生存于侏罗纪晚期的大型肉食性恐龙。蛮龙体形非常大，是目前已知的侏罗纪时期最大型的兽脚亚目恐龙之一，它们可能以大型的植食性恐龙为食，如剑龙类，或者蜥脚类恐龙。蛮龙是该时期顶级的掠食者之一，它们和异特龙、群居的角鼻龙相互竞争。

颌部和牙齿

　　蛮龙的颌部宽大，齿长且尖利。蛮龙的咬合力在陆地动物中排名第二，仅次于霸王龙，咬合力可达 15 吨。

头　部

　　蛮龙的头部非常大，颅骨很宽，眼睛大而且灵活。

蛮　龙

学　　名：Torvosaurus

生存年代：距今 1.5 亿年前的侏罗纪晚期

体　　形：身长约 10 米至 13 米，高约 5 米，体重约 8 吨

食　　性：肉食性

化石发现地：北美洲、欧洲、非洲、亚洲

橡树龙

牙齿

橡树龙的嘴部和鸟类的类似，前面没有牙齿，但有颊齿。它们的颊齿可以碾碎植物的叶子，而且这些牙齿的形状与橡树非常像，它们因此而得名。

前肢

橡树龙的前肢还保留着原始的特征：骨骼短小，掌部生有五指。

侏罗纪晚期的快跑能手

橡树龙属于鸟臀目恐龙，生存于距今约 1.5 亿年前侏罗纪晚期的北美洲。橡树龙的体形并不大，拥有敏捷的身姿，虽然它们以鲜嫩多汁的植物为食，但遇到肉食性恐龙的追击时，能迅速地做出反应，其敏捷的速度绝对称得上是"侏罗纪晚期的快跑能手"。

橡树龙

学　　名：Dryosaurus

生存年代：距今约 1.5 亿年前的侏罗纪晚期

体　　形：身长约 2.4 米至 4.3 米，高约 1.5 米，体重 77 千克至 91 千克

食　　性：植食性

化石发现地：北美洲，美国

后肢

橡树龙的后肢较前肢长得多，而且强壮有力，爆发力强，在躲避肉食性恐龙的攻击时能快速而敏捷地逃离。

艾德玛龙

生活在蛮龙阴影下的艾德玛龙

艾德玛龙属于兽脚亚目，是生存于侏罗纪晚期和霸王龙体形相当的掠食性恐龙，化石发现于美国怀俄明州的科摩崖。因为艾德玛龙的化石并不完整，有古生物学家认为它们和蛮龙非常相像，甚至认为艾德玛龙只是蛮龙的另一个名字而已。但以罗伯特·巴克为代表的古生物学家将艾德玛龙与蛮龙比较，发现艾德玛龙的颧骨同时有原始及衍生的特征。

艾德玛龙

学　　名：Edmarka
生存年代：距今约 1.5 亿年前至 1.45
　　　　　亿年前的侏罗纪晚期
体　　形：身长约 11 米
食　　性：肉食性
化石发现地：北美洲，美国

谜一般的双腔龙

　　双腔龙属内目前有两个种，一种是易碎双腔龙，另一种是高双腔龙。1877年，化石收藏家卢卡斯在美国科罗拉多州发现了一块恐龙脊椎化石，这块恐龙脊椎化石非常大，长度达到1.5米——这就是易碎双腔龙的脊椎化石，但这块脊椎化石损坏严重。1878年，古生物学家爱德华·德林克·科普经过研究，将这块脊椎化石作为易碎双腔龙的标本进行编号，并于当年8月对外公布。之后的很多年，对易碎双腔龙的化石探寻都一无所获，而这块仅有的脊椎化石也在公布后下落不明。目前，关于双腔龙的所有数据都是通过公布之初的插图和记录猜测得出的。

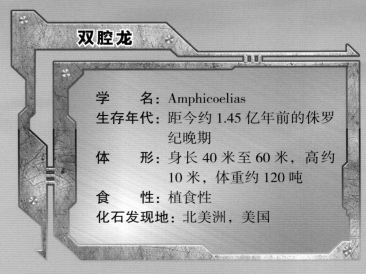

双腔龙

学　　名：Amphicoelias
生存年代：距今约1.45亿年前的侏罗纪晚期
体　　形：身长40米至60米，高约10米，体重约120吨
食　　性：植食性
化石发现地：北美洲，美国

第三章

非洲大陆上的恐龙

畸齿龙

最原始、最小的鸟脚类恐龙之一

畸齿龙是一种小型的鸟臀目恐龙，学名意为"有不同牙齿的蜥蜴"。它们生存于距今 2 亿年前的侏罗纪早期，在非洲和亚洲都有分布。畸齿龙是最原始、最早的鸟脚类恐龙之一，二足行走，且速度很快，不过它们在进食时通常四肢着地，和现代牛、羊的进食方式比较类似。

前肢

畸齿龙的前肢短小，长有五个指头，前三指长而且灵活，有指爪，可用来抓取植物，第四、第五指则非常短，似乎没有实际作用。

牙齿

畸齿龙有三种牙齿：小
且尖锐的前齿、弯长的獠牙
和齿冠边缘呈勺形的颊齿。

畸齿龙

学　　名：Heterodontosaurus
生存年代：距今 2 亿年前的侏罗纪早期
体　　形：身长 1.1 米至 1.75 米，体重
　　　　　在 2 千克至 10 千克之间
食　　性：植食性
化石发现地：非洲、亚洲

巨椎龙

体 形

体 形

　　巨椎龙的体形修长，颈部也较长，具有大约9节长颈椎、13节背椎、3节荐椎以及至少40节尾椎，但身体却比较轻。

手 掌

　　巨椎龙的手掌有5根指头，拇指有指爪，可协助进食或用于防御。

56

巨椎龙

学　　名：Massospondylus

生存年代：距今 2 亿年前至 1.83 亿年
前的侏罗纪早期

体　　形：身长 4 米至 6 米，体重约
135 千克

食　　性：植食性

化石发现地：非洲

最早被命名的恐龙之一

巨椎龙是理查·欧文在 1854 年根据南非出土的恐龙化石而命名的，是最早被命名的恐龙之一。巨椎龙也被称为大椎龙，意为"巨大的脊椎"，属于原蜥脚下目恐龙。它们身长 4 米至 6 米，体重在 135 千克左右，在恐龙里属于中等身材。巨椎龙的化石在非洲的南非、赞比亚、莱索托等国都有发现，至于北美洲是否生存着这一类型的恐龙还有待进一步考究。

莱索托龙

颌 部

莱索托龙的颌部不能横向移动，只能上下运动，所以只能切断植物，却无法咀嚼。

后 肢

莱索托龙的后肢和前肢相比要长得多，而且脚部与胫部的长度相当，这决定了它们能快速、灵活地奔跑。

莱索托龙

学　　名：Lesothosaurus

生存年代：距今 2 亿年前至 1.8 亿年前的侏罗纪早期

体　　形：身长约 1.2 米，体重约 10 千克

食　　性：植食性

化石发现地：非洲，莱索托

头部

　　莱索托龙的头部较小，且颅骨比较平坦，眼窝较大，口鼻部短而尖，可能有喙状的下颌。

快速且灵活的奔跑者

　　莱索托龙可能是最原始的鸟臀目恐龙之一，由古生物学家彼得·加尔东在 1978 年命名，意为"莱索托的蜥蜴"。它们身材小巧玲珑，和一只羊的大小差不多，再加上身体结构所具有的平衡能力，让它们成为那个时代快速且灵活的奔跑者，能够在危机四伏的环境中有一席生存之地。

棘刺龙

带有长刺的蜥蜴

考古学家根据棘刺龙的化石，推断其生活在侏罗纪中期，甚至更早的时间。棘刺龙是介于原蜥脚下目和蜥脚下目恐龙之间的物种，演化情况非常特殊。棘刺龙具有两对长刺状的皮内成骨，它们不是直接附着在骨骼上，而是由皮肤和下面的软组织固定在尾巴的末端，形态类似于剑龙类恐龙的尾刺。

棘刺龙

学　　名：Spinophorosaurus
生存年代：距今 1.76 亿年前至 1.67
　　　　亿年前的侏罗纪中期
体　　形：身长约 13 米，体重约 7 吨
食　　性：植食性
化石发现地：非洲，尼日尔

棘刺

　　棘刺龙尾部有两对长刺，可以充当御敌的武器。

约巴龙

颈 部

约巴龙的脖子较长，由12块脊椎骨组成，但脊椎骨结构非常简单。

撒哈拉沙漠的庞然大物

约巴龙属蜥脚亚目恐龙，生存于距今 1.64 亿年前的侏罗纪中期。约巴龙身长 20 米左右，体重可以达到 20 吨，是恐龙家族里的"大家伙"。约巴是撒哈拉地区游牧民族神话故事里的一种动物，以此为这种恐龙命名，也表现了人们对这一庞然大物的敬畏。

牙 齿

约巴龙的牙齿像一个个勺子，非常适合咬住植物的枝条。

约巴龙

学　　名：Jobaria
生存年代：距今 1.64 亿年前的侏罗纪
　　　　　中期
体　　形：身长约 20 米，体重约 20 吨
食　　性：植食性
化石发现地：非洲，撒哈拉沙漠

叉 龙

小型的梁龙超科恐龙

　　叉龙生活在侏罗纪晚期的非洲，不仅和其他蜥脚类恐龙在体形上有较大区别，而且和同属梁龙超科家族的其他恐龙相比，也有很大不同。大部分的梁龙超科恐龙，如梁龙、迷惑龙、双腔龙等体形都比较大，而叉龙体形较小；大部分的梁龙超科恐龙颈部都很长，而叉龙的则比较短。古生物学家推测，造成叉龙这种体形的原因也许和它们的生活习性有关。

脊 椎

　　叉龙脊椎的神经棘每一节都呈Y型，像叉子一样，叉龙也因此得名。

尾 巴

　　叉龙有一条非常长的尾巴，而且粗壮，可以起到御敌的作用。

叉 龙

学　　名：Dicraeosaurus

生存年代：距今 1.56 亿年前至 1.5 亿年前的侏罗纪晚期

体　　形：身长 12 米至 13 米，体重约 15 吨

食　　性：植食性

化石发现地：非洲，坦桑尼亚

颈 部

叉龙的颈部较短，所以它们喜欢吃一些低矮处的植物。

长颈巨龙

长颈巨龙

学　　名：Giraffatitan

生存年代：距今 1.5 亿年前的侏罗纪晚期

体　　形：身长约 26 米，体重在 23 吨至 37 吨之间

食　　性：植食性

化石发现地：非洲，坦桑尼亚

"世界纪录保持者"

长颈巨龙属于蜥脚
下目，是一种体形巨大
的植食性恐龙，生活于距今 1.5
亿年前的侏罗纪晚期。长颈巨龙外
形很像长颈鹿，学名意为"长颈鹿泰
坦"。过去长颈巨龙一直被认为是布氏腕
龙，连柏林洪堡自然历史博物馆的长颈巨龙
骨架模型也被标为布氏腕龙。不过，古生物学
家已经证实，这个全世界最高、已获得吉尼斯
世界纪录的恐龙骨架模型是属于长颈巨龙的。

身 形

长颈巨龙的头比较小，
但脖子和尾巴都很长，依靠
四足行走。

肯氏龙

北美洲剑龙的近亲

肯氏龙也称钉状龙，是北美洲剑龙的近亲，但是它们和剑龙有诸多不同，比如体形大小、骨板的形状等。肯氏龙的个头比剑龙小很多，属于同类型恐龙中的小个子，这种体形也决定了它们的身体更灵活。肯氏龙是植食性恐龙，以啃食地面上的低矮植物为生。

装 甲

肯氏龙的装甲从颈部开始一直延伸到尾部，颈部到肩膀部位的装甲为骨板，背部后方到尾部通常为六对尖刺，可以起到御敌的作用。

臀 部

肯氏龙的臀部有一个空腔，有古生物学家认为是第二脑，但这里可能有储存糖原来激发肌肉的功能或者只有控制后肢和尾巴的神经。

肯氏龙

学　　名：Kentrosaurus

生存年代：距今 1.5 亿年前的侏罗纪
　　　　　晚期

体　　形：身长约 5 米，高约 1.5 米，
　　　　　体重约 1 吨

食　　性：植食性

化石发现地：非洲，坦桑尼亚

牙　齿

　　肯氏龙有小型颊齿，呈
铲状，齿冠不对称，牙齿边
缘有小齿突起。

四　肢

　　肯氏龙的四肢短小，但
后肢长度为前肢的两倍，脚
部的趾爪呈蹄状。

第四章

欧洲大陆上的恐龙

棱背龙

侏罗纪早期的装甲战士

棱背龙，又称腿龙、肢龙，学名意为"腿蜥蜴"，是生存于侏罗纪早期的装甲亚目恐龙之一。和后期的装甲亚目恐龙相比，棱背龙的体形较小，是装甲亚目恐龙中最原始的一个种类。棱背龙从头顶到尾巴都披着厚厚的骨甲，这让它们可以像披着铠甲的战士一样免受肉食性恐龙的攻击。

头颈部

棱背龙的头部较小，颅骨呈三角形，颈部较一般的装甲亚目恐龙要长。

棱背龙

学　名：Scelidosaurus
生存年代：距今1.96亿年前至1.94亿年前的侏罗纪早期
体　形：身长3米至4米，体重约200千克
食　性：植食性
化石发现地：欧洲，英国

骨甲

棱背龙全身都覆盖着圆角状的骨质突起，这些突起由一些鳞片衔接在一起，给它们提供保护。

斑 龙

第一种被正式命名的恐龙

1676 年，英国牛津市附近的一处采石场发现了一些零碎的骨头，经过研究，发现这些骨头属于一种巨大的、类似蜥蜴的动物。直到 1824 年，这些骨头才被正式命名为斑龙，这也是世界上第一种以科学方式叙述并命名的恐龙。虽然斑龙没有完整的骨架化石，古生物学家对它们的了解还不全面，但基本可以确定的是斑龙生存于侏罗纪中期，二足行走，属于兽脚亚目。

后 肢

斑龙的后肢大，而且肌肉结实，脚掌有 4 趾，3 个朝前，1 个朝后。

前 肢

　　斑龙的体形中等，用二足行走，所以它们的前肢较小，掌部有3或4指。

斑 龙

学　　　名：Megalosaurus
生存年代：距今 1.66 亿年前的侏罗纪
　　　　　中期
体　　　形：身长约 9 米，高约 3 米，
　　　　　体重约 1 吨
食　　　性：肉食性
化石发现地：欧洲，英国

古林达奔龙

身形

　　古林达奔龙的头部和前肢都比较小，后肢和尾巴较长，用二足行走或奔跑，全身覆盖羽毛。

第一个被发现的长羽毛的植食性恐龙

古林达奔龙的化石发现得较晚，但是却在恐龙研究学界掀起了轩然大波。虽然在发现古林达奔龙之前也发现过身体表面长有羽毛的恐龙，但都是肉食性恐龙，而古林达奔龙却是第一个被发现的有羽毛的植食性恐龙。这一发现，让恐龙研究学者有了也许"所有恐龙都长有羽毛"的大胆猜想。

羽毛

古林达奔龙有三种类型的羽毛：覆盖躯干、头部和颈部的毛发状细丝；上臂和大腿上突出的长丝；小腿上部构成带状结构的长丝。

古林达奔龙

学　　名：Kulindadromeus
生存年代：距今 1.75 亿年前的侏罗纪
　　　　　中期
体　　形：身长约 1.5 米，高约 0.6 米
食　　性：植食性
化石发现地：欧洲，俄罗斯

哈卡斯龙

哈卡斯龙

学　　名：Kileskus
生存年代：距今约 1.7 亿年前的侏罗
　　　　　纪中期
体　　形：身长约 3 米
食　　性：肉食性
化石发现地：欧洲，俄罗斯

霸王龙家族的黎明

　　哈卡斯龙属于暴龙超科原角鼻龙科，生活在距今 1.7 亿年前的侏罗纪中期。俄罗斯古生物学家亚历山大·阿瓦里安诺夫团队对哈卡斯龙并不完整的化石进行研究后发现：虽然哈卡斯龙个头比较小，和霸王龙相比显得微不足道，但它们却是霸王龙家族的祖先。对于恐龙研究学者来讲这无疑是一个激动人心的消息。而哈卡斯龙的出现也表明，霸王龙家族经历了相当长时间的进化才取得了生物界霸主的地位。

79

前 肢

美颌龙的前肢短小，前掌有三指，生有利爪，在捕猎时能牢牢地抓紧猎物。

侏罗纪晚期的欧洲是一片海岛，处于特提斯海的边缘地带，美颌龙的化石就发现于此。美颌龙体形较小，与一只火鸡的大小相当，属于兽脚亚目恐龙。美颌龙的下颌修长，和初龙类动物一样没有下颌孔，这是它们得名的原因。

美颌龙体态轻盈、身手敏捷，在欧洲这片海岛上所向披靡，成为了名副其实的顶级捕猎能手。

美颌龙

学　　名：Compsognathus

生存年代：距今 1.5 亿年前的侏罗纪晚期

体　　形：身长约 1 米，体重在 0.83 千克至 3.5 千克之间

食　　性：肉食性

化石发现地：欧洲，德国、法国

体型

美颌龙体形较小，头部细长，鼻子呈锥形，二足行走，后肢和尾巴都比较长。

米拉加亚龙

长脖子

米拉加亚龙的长脖子可以扩大取食范围。同时长长的脖子还可以让雄性米拉加亚龙在繁殖季节从众多同类中脱颖而出，帮助它们吸引异性恐龙。

米拉加亚龙

学　　名：Miragaia

生存年代：距今 1.5 亿年前的侏罗纪晚期

体　　形：身长约 6 米，高约 1.8 米

食　　性：植食性

化石发现地：欧洲，葡萄牙

尾巴

米拉加亚龙的尾巴很长，尾巴的末端长有四根骨质尖刺，这些尖刺比它们背上的骨板长得多，可以起到御敌的作用。

颈部最长的剑龙类恐龙

米拉加亚龙属于剑龙下目，由奥克塔维奥·马特乌斯等人在 2009 年叙述并命名。米拉加亚龙因它们的长颈部而闻名，它们具有至少 17 节颈椎，是剑龙类中颈部最长的恐龙。不仅如此，米拉加亚龙还是拥有最多骨板的剑龙类恐龙，它们的骨板为 42 块，远多于华阳龙（22 块）和剑龙（17 块）。

四肢

米拉加亚龙的前肢和后肢几乎等长。这种身体与地面保持平行的姿势更方便它们观察周围的环境。

83

欧罗巴龙

侏儒化的蜥脚类恐龙

欧罗巴龙属于蜥脚下目，这意味着它们的体形应该和同类的腕龙、圆顶龙相似，但随着大陆漂移，侏罗纪时期的欧洲被海水冲积成狭小的岛屿，它们逐渐侏儒化，体形比同类恐龙小得多。欧罗巴龙生活在距今约 1.5 亿年前的侏罗纪晚期，是四足行走的植食性恐龙，主要食物是蕨类植物和树叶。

脖 子

欧罗巴龙的脖子较长且很灵活，使它们可以不费任何力气就能吃到高处的植物。

尾巴

　　欧罗巴龙的尾巴很长，可以起到御敌的作用。

欧罗巴龙

学　　名：Europasaurus
生存年代：距今约 1.5 亿年前的侏罗纪
　　　　　晚期
体　　形：身长约 6.3 米
食　　性：植食性
化石发现地：欧洲，德国

始祖鸟

羽 毛

始祖鸟的羽毛由初级飞羽、次级飞羽、尾羽和复羽组成，羽毛特征和鸟类相似。

嘴 部

始祖鸟的嘴里长有锋利的牙齿，体现了其食肉的特征，也使它们和鸟类的喙状嘴区别开来。

前 肢

始祖鸟的前肢已发育为翅膀，有三块掌骨，它们呈分离的状态，指端生有利爪。

长有翅膀的恐龙

在未发现长有羽毛的恐龙之前，始祖鸟一直被误认为是鸟类的祖先。但随着研究的不断深入，古生物学家发现始祖鸟并不是鸟类，而是原始恐龙的一种，伶盗龙、恐爪龙等都是其后代。不过，也有一些人认为，始祖鸟是介于恐龙和鸟类之间的过渡物种，同时拥有鸟类和兽脚亚目恐龙的特征，不管怎样，它们在古生物学界仍然占有不容忽视的地位。

始祖鸟

学　　名：Archaeopteryx
生存年代：距今 1.5 亿年前的侏罗纪晚期
体　　形：身长约 0.5 米，体重约 10 千克
食　　性：肉食性
化石发现地：欧洲，德国

似松鼠龙

牙齿

似松鼠龙的牙齿很小，但很尖利，决定了其肉食的食性。

似松鼠龙

学　　名：Sciurumimus
生存年代：距今 1.5 亿年前的侏罗纪晚期
体　　形：幼年身长约 0.7 米
食　　性：肉食性
化石发现地：欧洲，德国

四 肢

似松鼠龙是二足恐龙，前肢明显比后肢短小，但有三个尖利的指爪，在捕猎时起辅助作用。

松鼠的模仿者

似松鼠龙是兽脚亚目恐龙中斑龙超科的一种，生存于距今 1.5 亿年前的侏罗纪晚期。因其化石标本的形状、羽毛包覆状态看起来和松鼠很像，所以被命名为似松鼠龙。虽然目前只发现了一具未成年似松鼠龙的化石，但却是所有恐龙化石中保存最完整的一具。正是这具完整程度达 98% 的恐龙化石，才让我们清楚地看到了似松鼠龙可爱的样子。但这种萌态只是一种表象，似松鼠龙在那个时代是顶级掠食者之一，对其他动物来讲是恶梦般的存在。

第五章

亚洲大陆上的恐龙

中国羽龙

向鸟类进化传统理论发起挑战的中国羽龙

中国羽龙虽是羽毛恐龙的一种，但它们缺少能辅助转向的尾羽，所以并不能展翅飞行。不过它们的腿部短小，有适合行走及奔跑的脚趾，这样的身体结构让它们可以在森林中自由地奔跑。科学界一直支持以始祖鸟为首的似鸟类恐龙是现代鸟类祖先的理论，但生存年代更早的中国羽龙让古生物学家们对这一传统观点产生了怀疑。

中国羽龙

学　　名：Eosinopteryx
生存年代：距今约 1.7 亿年前的侏罗纪中期
体　　形：身长约 0.3 米
食　　性：肉食性
化石发现地：亚洲，中国

禄丰龙

头 部

禄丰龙长有小小的脑袋，鼻孔呈三角形，眼眶大而圆，嘴中长有细小的牙齿。

中国第一龙

禄丰龙的化石由中国恐龙研究之父杨钟健在云南省禄丰县发掘，它们由此得名。这是在中国发现的第一具完整的恐龙化石，禄丰龙也因此成为中国第一龙。

禄丰龙

学　　名：Lufengosaurus
生存年代：距今 1.9 亿年前的侏罗纪
　　　　　早期
体　　形：身长约 8 米，高约 2.3 米，
　　　　　体重约 1.5 吨
食　　性：植食性
化石发现地：亚洲，中国

尾巴

禄丰龙长有粗壮的大尾巴，站立时可以用来支撑身体，它们站立时的姿态很像袋鼠。

闻名世界的"禄丰蜥龙动物群"

"禄丰蜥龙动物群"有上百条恐龙集中埋藏于此，恐龙化石数量众多、种类丰富、密集度高、跨年代长且保存完整，在世界上具有非常高的学术研究价值，堪称世界顶级资源。"禄丰蜥龙动物群"的发现地还是世界上第一个在同一地区发现侏罗纪早、中、晚三个时期恐龙化石的地区，为研究侏罗纪恐龙的演化、区域分布、迁徙提供了丰富的资料，这也是地球演化史上的一个奇迹。

树息龙

栖息在树上的恐龙

树息龙，顾名思义就是栖息在树上的恐龙，它们生活在内蒙古地区。那时候，内蒙古地区生长着茂密的森林，为了适应这一地区的环境，树息龙就应运而生了。树息龙属于擅攀鸟龙科，是非鸟类恐龙中最早生活在树上的恐龙。它们和麻雀的大小差不多，以捕食肉虫和昆虫为食。

颌部和牙齿

树息龙的颌部圆钝，长有锋利的牙齿，前部的牙齿稍大，后部的则比较小，具有典型的凉食性特点。

尾巴

树息龙的尾巴比较长，末端长有呈扇形的羽毛，在攀爬时可以起到平衡身体的作用。

前肢

树息龙的前肢已开始向鸟类的翅膀演化，但不能飞行，前肢生有长长的指爪，尤其是第三指最长，可以钩出树洞内的虫子。

树息龙

学　名：Epidendrosaurus
生存年代：距今约 1.69 亿年前至 1.2 亿年前的侏罗纪中期至白垩纪早期
体　形：身长约 0.15 米，体重约 0.1 千克
食　性：肉食性
化石发现地：亚洲，中国

中华盗龙

亚洲肉食先锋——中华盗龙

中华盗龙属于兽脚亚目，生存于侏罗纪晚期的中国西北部。中华盗龙身长7米至9米，在当时并不是亚洲最大的肉食性恐龙，但它们已经接近顶级掠食者的地位，战斗能力仅次于同时期的永川龙。拥有这样"地位"的中华盗龙，猎杀某些植食性恐龙或者小型恐龙自然易如反掌，堪称"亚洲肉食先锋"。

头 部

中华盗龙的头部非常大，颅骨宽厚，眼眶前部有骨质突起。

四 肢

中华盗龙的前肢短小，掌部有指爪，能抓住甚至撕碎猎物；后肢健硕，肌腱发达，利于站立及奔跑。

中华盗龙

学　　名：Sinraptor

生存年代：距今约 1.6 亿年前的侏罗纪晚期

体　　形：身长 7 米至 9 米，高约 4 米，体重在 1 吨至 3 吨之间

食　　性：肉食性

化石发现地：亚洲，中国

单脊龙

新疆的掠食之王

单脊龙属于兽脚亚目，因头颅骨上一个从眼睛到鼻子末端高耸的头冠而得名，它们可能是侏罗纪中期中国新疆地区最大的掠食者，在当时的亚洲地区，单脊龙的体形仅次于中华盗龙。单脊龙的化石出土于中国新疆的石树沟组，在未被正式叙述前一直以出土地的将军庙为名。

尾巴

单脊龙的尾巴肌腱比较发达，使其尾巴可以笔直地抬离地面。

单脊龙的头顶长有与其他恐龙不同的头冠，它头冠的骨骼是实心的。

单脊龙

学　　名：Monolophosaurus

生存年代：距今约 1.65 亿年前的侏罗纪中期

体　　形：身长约 5 米，高约 1.7 米，体重约 450 千克

食　　性：肉食性

化石发现地：亚洲，中国

耀 龙

尾巴

耀龙的尾巴生有华丽的带状尾羽，长度在 0.2 米左右，作为展示羽毛，有吸引异性的作用，这也是它们名字的由来。

耀 龙

学　　名：Epidexipteryx

生存年代：距今约 1.68 亿年前至 1.52 亿年前的侏罗纪中晚期

体　　形：身长约 0.445 米，体重约 0.164 千克

食　　性：肉食性

化石发现地：亚洲，中国

头部

耀龙的头部在整个身体中所占的比例较大，有一双大而且圆的眼睛。

牙齿

耀龙的牙齿位于上下颌的前端，而且牙齿都朝前生长，有类似于哺乳动物的门牙或犬牙。

不会飞的耀龙

耀龙的化石在 2006 年被发现，化石显示出了羽毛痕迹：不仅全身覆有丝状绒羽，它们的尾部还生有像孔雀尾羽一样的装饰性羽毛。虽然耀龙的体形和鸟类差不多，但它们却不能飞行，只能靠发达的四肢在地面上行走、奔跑或者在树林间攀爬。

峨眉龙

脖 子

峨眉龙脖子的长度较马门溪龙的稍逊一筹，但也有9米左右，在恐龙家族里也属于佼佼者。

尾 巴

峨眉龙的尾巴细长，尾巴末端长有一个呈纺锤形的尾槌，能够充当御敌的武器。

种类繁多的峨眉龙

峨眉龙是生活在侏罗纪中晚期的大型恐龙，目前已知的品种有6种，分别是：荣县峨眉龙、长寿峨眉龙、釜溪峨眉龙、天府峨眉龙、罗泉峨眉龙和毛氏峨眉龙，这6种峨眉龙大多是以化石出土地命名的。它们的体形差异较大，其中体形最大的是天府峨眉龙，个头仅次于马门溪龙，而体形最小的釜溪峨眉龙的身长则和天府峨眉龙脖子的长度差不多。

头 部

峨眉龙的头部呈楔形，比较小，和其他蜥脚下目恐龙不同，峨眉龙的鼻孔不长在头顶，而是位于鼻部前端。

峨眉龙

学　　名：Omeisaurus
生存年代：距今 1.67 亿年前至 1.55 亿年前的侏罗纪中晚期
体　　形：身长 10 米至 20 米，高约 4 米至 7 米，体重 10 吨至 15 吨
食　　性：植食性
化石发现地：亚洲，中国

华阳龙

牙齿

华阳龙的牙齿比较小，适合啃食和研磨低矮的蕨类植物。

华阳龙

学　　名：Huayangosaurus
生存年代：距今 1.65 亿年前的侏罗纪
　　　　　中期
体　　形：身长约 4.5 米，高约 1 米，
　　　　　体重 1 吨至 2 吨
食　　性：植食性
化石发现地：亚洲，中国

来自中国的最早的剑龙类恐龙

　　华阳龙属于剑龙下目，因发现于中国四川省而得名。华阳龙生存于距今 1.65亿年前的侏罗纪中期，比北美洲发现的著名近亲剑龙出现得早，被古生物学家认为是最早的剑龙类恐龙。华阳龙身长 4.5 米，比后期出现的剑龙体形小，以啃食地面上的低矮蕨类为生。

骨板和棘刺

　　华阳龙的骨板和棘刺从头部一直延伸至尾部：背部有两排心形骨板；肩膀处有一对 1.5 米长的棘刺；尾巴末端有四根尖的骨刺。

永川龙

没有对手的永川龙

　　永川龙是生活在侏罗纪晚期的兽脚亚目恐龙，以其化石出土地重庆永川区来命名的。永川龙是一种大型的肉食性恐龙，像丛林里的老虎、猎豹一样单独行动，常出没于丛林、湖畔附近，它们以性情温和的植食性恐龙为食，如马门溪龙、大安龙等。永川龙是侏罗纪时期中国地区体形最大的肉食性恐龙，它们几乎没有对手。

尾巴

　　永川龙的尾巴很长，约占身长的一半，尾部肌腱发达，可以起到平衡身体的作用。

头部

永川龙的头部非常大，颅骨约1米长，鼻端有类似于角鼻龙的骨质瘤状物。

永川龙

学　　名：Yangchuanosaurus
生存年代：距今1.6亿年前的侏罗纪晚期
体　　形：身长约11米，高约3米，体重约3吨
食　　性：肉食性
化石发现地：亚洲，中国

巨刺龙

皮肤

巨刺龙的皮肤表面有鳞片，这些鳞片有较规律的排列模式：中间一块五角形鳞片，四周包围着13~14块六角形鳞片。

有巨大棘刺的蜥蜴

　　1985 年，欧阳辉在中国四川省自贡市发现了一具恐龙化石，虽然缺少头颅骨、后肢以及尾巴，但其他部分的骨骼都比较完整。第二年，高瑞祺等人将这具恐龙化石划入了沱江龙的范畴。1992 年，欧阳辉又将这些恐龙化石列为新的种类——四川巨刺龙，学名意为"有巨大棘刺的蜥蜴"，但直到 2006 年，巨刺龙才真正拥有"合法身份"。

体　形

　　巨刺龙身长约 4.2 米，背部长有小型的骨板，肩部有巨大的棘刺，头大臀宽，前肢粗壮有力。

巨刺龙

学　　名：Gigantspinosaurus
生存年代：距今约 1.6 亿年前的侏罗纪晚期
体　　形：身长约 4.2 米，体重约 700千克
食　　性：植食性
化石发现地：亚洲，中国

近鸟龙

后肢

近鸟龙的后肢比前肢长，本应该和其他兽脚亚目恐龙一样善于奔跑，但因为它们的后肢和脚部都长有羽毛，所以十分影响它们奔跑的速度。

世界上已知最早的长羽毛的恐龙

近鸟龙全身覆盖着一层羽毛，并且在四肢和尾巴上还长有长长的飞羽，头顶由红褐色羽毛形成了一个"头冠"。近鸟龙是小型恐龙，大小和一只鸡差不多，属于伤齿龙科，是目前所知最早的有羽毛的兽脚亚目恐龙。它们生存的年代比著名的始祖鸟还早 1000 万年。

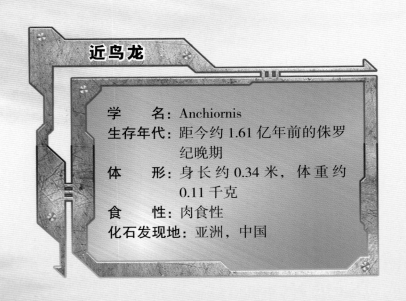

近鸟龙

学　　名：Anchiornis
生存年代：距今约 1.61 亿年前的侏罗纪晚期
体　　形：身长约 0.34 米，体重约 0.11 千克
食　　性：肉食性
化石发现地：亚洲，中国

前肢

近鸟龙的前肢与鸟类类似，但前肢太短且羽毛比较原始，因此没有飞行能力。

马门溪龙

尾巴

　　马门溪龙的尾巴肌腱发达，可以起到平衡身体的作用，尾端可能长有"尾槌"，在打斗时可以充当武器。

四肢

　　马门溪龙是四足恐龙，四肢几乎等长，虽然相对较细，但关节发育成熟，且肌腱发达，足够撑起它们庞大的身躯。

来自中国的恐龙大明星

马门溪龙是蜥脚类恐龙，生活在距今约 1.6 亿年前至 1.4 亿年前侏罗纪晚期的中国。作为中国恐龙中的大明星，马门溪龙也创造了多项"世界之最"：它们是最大的蜥脚类恐龙之一；颈椎数为 19 个，是蜥脚类恐龙中最多的；脖子的长度占身长的一半，不仅是所有恐龙中脖子最长的，也是世界上脖子最长的动物。

长长的脖子

马门溪龙的脖子长约 11 米，是世界上脖子最长的动物，这也决定了其脖子不灵活的特点。

马门溪龙

学　　名：Mamenchisaurus
生存年代：距今约 1.6 亿年前至 1.4
　　　　　亿年前的侏罗纪晚期
体　　形：身长约 22 米至 26 米，高
　　　　　3 米至 7 米，体重 20 吨至
　　　　　40 吨
食　　性：植食性
化石发现地：亚洲，中国

附 录

恐龙大家族

恐龙是对一种史前陆生动物的统称，恐龙其实分为许多种类，而且每种恐龙都有不同的名称。古生物学家根据恐龙的骨骼化石，通过对比研究恐龙的骨盆结构，发现恐龙"腰带"的构造特征有所不同，并据此将恐龙分为两大类：蜥臀目和鸟臀目。

霸王龙

兽脚亚目
　　兽脚亚目恐龙从晚三叠纪一直存活到白垩纪，所有的肉食性恐龙都属于该目，该目的坚尾龙类是现代鸟类的祖先。

南十字龙

原蜥脚下目
　　原蜥脚下目包含里奥哈龙科、板龙科和大椎龙科，它们生存时间较短，侏罗纪早期就灭绝了。

蜥臀目恐龙的腰带

蜥臀目
　　蜥臀目恐龙的腰带，耻骨在肠骨下方向前延伸，坐骨向后延伸，从侧面看呈三射型。

恐龙大家族
　　恐龙家族包括两个不同的爬行动物目，即蜥臀目和鸟臀目。

蜥脚下目
　　蜥脚下目包含马门溪龙科、梁龙超科等巨型植食性恐龙，这些庞然大物直到白垩纪晚期才灭绝。

蜥脚亚目
　　蜥脚亚目恐龙主要生活在侏罗纪和白垩纪，绝大部分都是巨型的植食性恐龙。

双腔龙

扇冠大天鹅龙

鸟脚下目

　　鸟脚下目的恐龙生活在晚三叠纪至白垩纪，以白垩纪最为繁盛。该目恐龙由体形较小、二足行走逐渐演化为体形很大、四足行走。

肿头龙

角足亚目

　　角足亚目包括鸟脚下目和头饰龙类，该目恐龙大都是植食性恐龙。

肿头龙下目

　　肿头龙下目恐龙最大的特点就是头骨厚肿，代表性的恐龙是肿头龙。

头饰龙类

　　头饰龙类恐龙指头上长角或者头颅骨凸起的植食性恐龙。

鸟臀目

　　鸟臀目恐龙的腰带，肠骨向前后扩张，耻骨前侧有一个较大的前耻骨突，后侧大幅度延伸至与坐骨平行，并向肠骨前下方延伸，从侧面看是四射型。

鸟臀目恐龙的腰带

甲龙下目

　　甲龙下目的恐龙主要生活在白垩纪，它们四足行走，身披厚重骨甲，身体粗壮低矮，行动笨拙。

角龙下目

　　角龙下目的恐龙有两个突出的特点，一是它们头上的角状突起和角，著名的代表有三角龙；该目的另一支代表，它们长有像鹦鹉喙一样的嘴，著名的代表有鹦鹉嘴龙。

装甲亚目

　　装甲亚目的恐龙一般指背部长有骨板或骨甲的植食性恐龙。

剑龙下目

　　剑龙下目恐龙出现于侏罗纪并存活至白垩纪初期。它们四足行走，背部长有直立的骨板，尾部长有骨质刺棒。

剑　龙

祖尼角龙

恐龙纪年表

前寒武纪

对前寒武纪的时间界定多数为距今46亿年前至5.45亿年前。这一时期虽然在地球历史上所占的时间段较长，但是人们所知却甚少。虽然在这一时期地球生命已开始出现，但其进化一直处于较低级的阶段，主要以一些低等的菌藻类植物为主。

前寒武纪的藻类植物

古生代

距今5.45亿年前至2.50亿年前，从寒武纪开始，经历奥陶纪、志留纪、泥盆纪、石炭纪，然后以二叠纪为终结。这一时期是动物产生并开始进化的重要时期。古生代早期是无脊椎动物的时代，之后脊椎动物中的鱼类和两栖类动物繁盛，到古生代后期，爬行动物和似哺乳动物也开始出现。

三叶虫

板足鲎

中生代

距今2.50亿年前至6550万年前。分为三叠纪、侏罗纪、白垩纪三个阶段。

三叠纪

恐龙出现于三叠纪的中晚期，由此开始了漫长的进化。

温食龙

瓜巴龙

皮萨诺龙

钦迪龙

南十字龙

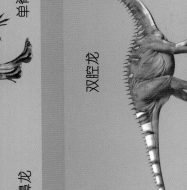

单脊龙

角鼻龙

中华盗龙

莱索托龙

腕龙

双腔龙

近鸟龙

棘龙

蜥结龙

霸王龙

扰他盗龙

似鳄龙

祖尼角龙

扁冠大天鹅龙

古猿

原始人类

始祖象

侏罗纪

这一时期，恐龙种类繁多，成为陆地上的优势动物。

白垩纪

植物种类的增多使恐龙的种类继续增加，直至生物大灭绝事件全部灭绝。

新生代

从 6550 万年前至今。恐龙灭绝后，哺乳动物迅速发展起来，人类开始出现并繁衍至今。